上海市建筑标准设计

道路照明设施标准图集

DBJT 08—131—2020

图集号：2021 沪 L004

同济大学出版社

2022　上海

图书在版编目（CIP）数据

道路照明设施标准图集 / 上海市城市综合管理事务

中心，同济大学建筑设计研究院（集团）有限公司主编

. -- 上海：同济大学出版社，2022.10

ISBN 978-7-5608-9966-4

Ⅰ . ①道… Ⅱ . ①上… ②同… Ⅲ . ①公路照明—照

明装置—地方标准—上海—图集 Ⅳ . ① TU113.6-65

中国版本图书馆 CIP 数据核字（2021）第 223501 号

道路照明设施标准图集

上海市城市综合管理事务中心
　　　　　　　　　　　　　　　　　　主编
同济大学建筑设计研究院（集团）有限公司

责任编辑　朱　勇

责任校对　徐春莲

封面设计　陈益平

出版发行　同济大学出版社　　www.tongjipress.com.cn

　　　　　（地址：上海市四平路 1239 号　邮编：200092　电话：021-65985622）

经　　销　全国各地新华书店

印　　刷　浦江求真印务有限公司

开　　本　787mm×1092mm　1/16

印　　张　2

字　　数　50 000

版　　次　2022 年 10 月第 1 版

印　　次　2022 年 10 月第 1 次印刷

书　　号　ISBN 978-7-5608-9966-4

定　　价　20.00 元

上海市住房和城乡建设管理委员会文件

沪建标定〔2021〕224号

上海市住房和城乡建设管理委员会
关于批准《道路照明设施标准图集》
为上海市建筑标准设计的通知

各有关单位：

由上海市城市综合管理事务中心和同济大学建筑设计研究院（集团）有限公司主编的《道路照明设施标准图集》，经审核，现批准为上海市建筑标准之一，统一编号为 DBJT 08—131—2020，图集号：2021 沪 L004，自 2021 年 9 月 1 日起实施。

本标准设计由上海市住房和城乡建设管理委员会负责管理，上海市城市综合管理事务中心负责解释。特此通知。

上海市住房和城乡建设管理委员会

二〇二一年四月九日

前　言

根据上海市住房和城乡建设管理委员会《关于印发〈2017年上海市建筑标准设计编制计划〉的通知》（沪建标定〔2016〕1053号）要求，图集编制组在深入调研、认真总结实践经验，并参考国内先进标准和广泛征求意见的基础上，编制了本图集。

本图集的主要内容有：一般要求、基本型灯杆、照明控制箱、照明管道、接地极和照明监控设施。

各单位及相关人员在执行本图集过程中，如有意见和建议，请反馈至上海市城市综合管理事务中心（地址：上海市徐家汇路579号；邮编：200023；E-mail：zgzx_zmk@126.com），同济大学建筑设计研究院（集团）有限公司（地址：上海市四平路1230号；邮编：200092；E-mail：jt13lcy@tjad.cn），上海市建筑建材业市场管理总站（地址：上海市小木桥路683号；邮编：200032；E-mail：shgcbz@163.com）以供今后修订时参考。

主 编 单 位：上海市城市综合管理事务中心

　　　　　　　同济大学建筑设计研究院（集团）有限公司

参 编 单 位：上海市区电力照明工程有限公司

　　　　　　　上海市政工程设计研究总院（集团）有限公司

　　　　　　　中国电子科技集团公司第五十研究所

　　　　　　　上海燎扬钢杆制造有限公司

　　　　　　　宏力照明集团有限公司

　　　　　　　上海港华机电成套有限公司

主要起草人：赵　宁　马亚博　井立阳　吴　军　尹　伟　王晓春　李晨源　符胜寒　季蔚清　徐　军

主要审查人：施晓红　陆继诚　陈　元　黄慰忠　高小平　王　晨　王小明

上海市建筑建材业市场管理总站

道路照明设施标准图集

批准部门：上海市住房和城乡建设管理委员会
主编单位：上海市城市综合管理事务中心
　　　　　同济大学建筑设计研究院（集团）有限公司
批准文号：沪建标定〔2021〕224 号
统一编号：DBJT 08—131—2020
实行日期：2021 年 9 月 1 日
图 集 号：2021 沪 L004

主编单位负责人：赵　宁

主编单位技术负责人：王晓春

技术审定人：程　青

审核人：王　坚

设计人：李晨源

目　录

1 编制依据

1)《城市道路照明设计标准》CJJ 45-2015;

2)《公路照明技术条件》GB/T 24969-2010;

3)《供配电系统设计规范》GB 50052-2009;

4)《低压配电设计规范》GB 50054-2011;

5)《电力工程电缆设计标准》GB 50217-2018;

6)《LED城市道路照明应用技术要求》GB/T 31832-2015;

7)《道路照明用LED灯性能要求》GB/T 24907-2010;

8)《城市照明自动控制系统技术规范》CJJ/T 227-2014;

9)《城市道路照明工程施工及验收规程》CJJ 89-2012;

10)《电气装置安装工程接地装置施工及验收规范》GB 50169-2016;

11)《道路LED照明应用技术规范》DG/TJ 08-2182-2015;

12)《道路照明工程建设技术规程》DG/TJ 08-2214-2016;

13)《道路照明设施监控系统技术标准》DG/TJ 08-2296-2019;

14)《道路照明设施运行养护标准》DG/TJ 08-2215-2016。

2 适用范围

图集适用于全市区域道路照明工程的设计及施工安装,本市隧道工程、合杆整治工程不纳入图集范围。

3 图集内容

3.1 照明灯杆灯具

3.1.1 同一道路、桥梁的灯杆,标准横断面一致的情况下,从光源中心到地面的安装高度、仰角、安装方向宜保持一致。灯具安装纵向中心线和灯臂中心线应一致。

3.1.2 灯杆热浸镀锌层表面应平滑,无滴瘤、粗糙和锌刺,无起皮、漏锌和残留的溶剂渣,在可能影响热浸镀锌工件的使用或耐腐蚀性能的部位不应有锌瘤和锌渣。镀锌层厚度应满足工程设计要求。

3.1.3 灯杆采用的材质及工艺要求应满足《道路照明灯杆技术条件》CJ/T 527-2018的有关规定。

3.1.4 灯杆柱脚是否采用加劲肋及加劲肋的规格、连接焊缝由工程设计确定。焊接质量应符合《金属材料熔焊质量要求》GB/T 12467.3-2009、《钢结构焊接规范》GB/T 50661-2011的有关规定。

3.1.5 灯杆基础所用钢材、钢筋应满足现行建筑抗震设计规范。金属构件之间的连接焊缝由工程设计确定。灯杆地脚螺栓均为双螺母,灯杆地脚部分应采用强度等级C25混凝土包裹。

3.1.6 市区域道路新建照明工程的光源应采用LED灯,正常使用情况下,LED灯具的使用寿命(累计亮灯时间)应大于50000h,阶段验收中,灯具6000h光通维持率不应低于95.8%。LED灯具(不含电源驱动)50000h累计亮灯时间内失效率应小于5%,光源在工作结温下的L70寿命(累计亮灯时间)应大于60000h。灯具控制装置在正常工作条件下累计工作30000h期间失效率不应大于5%。

3.1.7 灯具相关色温3045K±175K,同型号LED灯具的色容差≤7SDCM。灯具系统光效≥130 lm/W;显色指数≥65;IP保护等级:IP65及以上;防触电保护型式I类。

3.1.8 灯具应通过震动试验,灯具与灯臂连接应牢固,灯具应具有防坠落的保护措施。

3.1.9 灯具的规格应以功率进行划分,具体如下表。

序号	额定光通量(lm)	灯具能效限值(lm/W)	标称功率(W)
1	40000	130	300
2	32000	130	250
3	25000	130	200
4	19000	130	150
5	14000	130	100
6	9000	130	70
7	7000	130	50

注:1.配光应为截光型灯具,光通量允许偏差为-5%~10%,灯具应预留0~10V调光接口;
　　2.实际功率的偏差为标称功率的±10%

3.2 照明控制箱

3.2.1 照明控制箱主要由进出线配电开关、电力计量表计、控制器、主箱体、顶盖及附属部件组成。其中照明控制箱主箱体由框架、前门、侧门、后门、安装底板构成，附属部件包括接地装置、门锁等。

3.2.2 照明控制箱外表面材料应采用厚度不小于2.5mm的S304不锈钢。外形尺寸为 $900(W) \times 450(D) \times 1200(H)$。

3.2.3 照明控制箱外表面采用喷塑处理工艺，颜色为RAL9011(石墨黑哑光)。涂覆层表面应光洁、色泽均匀，且无结瘤、缩孔、起泡、针孔、开裂、剥落、粉化、颗粒、流挂、露底、夹杂脏污等缺陷。

3.2.4 照明控制箱焊接、装配、防腐处理等工艺应符合相关标准，无虚焊、毛刺、撕边、搭接不工整等现象。箱体外露和操作部位应光滑、无锋边、无毛刺、无锈蚀。

3.2.5 照明控制箱外部边缘宜采用圆角设计，门板、安装板平整无变形，标志应齐全、清晰、耐久可靠。

3.2.6 照明控制箱电源由电力公司统一供电，供电电压AC380V，接地形式应采用TN-S系统或TT系统。照明控制箱电力计量仓内须严格按照国家和上海市电力公司的相关标准接入供电电缆。供电电缆接至照明控制箱电力计量仓底部接线端子上。

3.2.7 照明控制箱配置4路出线，额定电压 AC380/220V，50Hz，每个出线回路配置一个单独的三相刀熔开关。

3.2.8 照明配电线路应设置短路保护、过负荷保护和接地故障保护。

3.2.9 照明控制箱进出线侧应安装电流互感器，互感器容量根据进出线容量而定。二次回路电压线、电流线采用 BVR450/750V黑色聚氯乙烯绝缘导线。

3.2.10 照明控制箱具备手动、自动控制切换功能。自动控制功能应能接受区域控制器的控制和管理。照明控制箱应配置连接PLC的备用接口。

3.3 照明配电管线

3.3.1 照明电缆应穿管敷设，灯杆与灯杆、灯杆与照明控制箱之间电缆应根据使用环境选用YJV（YJY）、YJLHV（YJLHY）电力电缆。电缆截面积选择应满足电气保护校验及管理部门要求。

3.3.2 照明灯具与接线盒之间支线及调光线宜选用BVVB线缆。

3.3.3 照明电缆保护管横穿马路或埋设深度无法达到规定要求时，应根据现场情况按设计要求进行防护处理。照明电缆保护管在经常受到振动的高架路、桥梁上敷设时，应根据现场情况按设计要求进行防振处理。

3.4 照明监控设备

3.4.1 道路照明监控系统应能够实时监测并控制道路照明设备及其运行。同时应满足道路照明设备统一管理，分区运行维护，分级控制的运行管理方式。

3.4.2 道路照明监控系统的架构、设备的选择、功能的配置应满足《道路照明设施监控系统技术标准》DG/TJ 08-2296-2019的有关规定。

3.5 接地要求

3.5.1 道路照明配电系统中，采用TN或TT系统接零和接地保护，PE线与灯杆、照明控制箱等金属设备连接成网，在任一地点的接地电阻不应大于4Ω。

3.5.2 在配电线路的分支、末端及中间适当位置做重复接地并形成联网，其重复接地电阻不应大于10Ω，系统接地电阻不应大于4Ω。

3.5.3 采用TT系统接地保护，没有采用PE线连接成网的灯杆、配电箱等，其独立接地电阻不应大于4Ω。

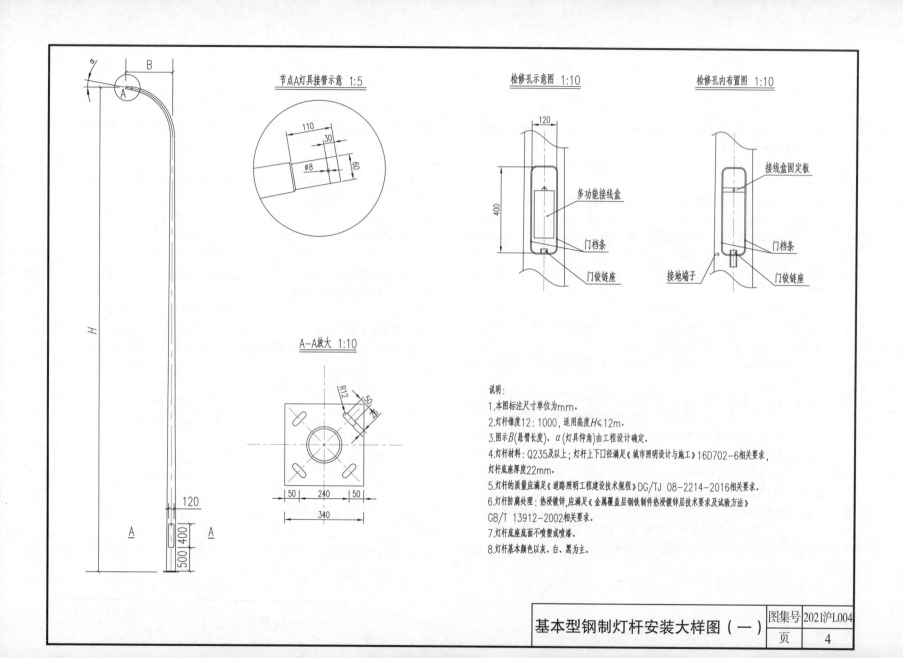

节点A灯具接管示意 1:5

110
30
ø8
60

检修孔示意图 1:10

120
400
多功能接线盒
门档条
门铰链座

检修孔内布置图 1:10

接线盒固定板
门档条
接地端子
门铰链座

A-A放大 1:10

R12
50
26
50 240 50
340

B

H

A A

120

500 400

说明:
1.本图标注尺寸单位为mm.
2.灯杆锥度12:1000,适用高度H≤12m.
3.图示B(悬臂长度)、a(灯具仰角)由工程设计确定.
4.灯杆材料:Q235及以上;灯杆上下口径满足《城市照明设计与施工》16D702-6相关要求,
灯杆底座厚度22mm.
5.灯杆的质量应满足《道路照明工程建设技术规程》DG/TJ 08-2214-2016相关要求.
6.灯杆防腐处理:热浸镀锌,应满足《金属覆盖层钢铁制件热浸镀锌层技术要求及试验方法》
GB/T 13912-2002相关要求.
7.灯杆底座底面不喷塑或喷漆.
8.灯杆基本颜色以灰、白、黑为主.

| 基本型钢制灯杆安装大样图（一） | 图集号 | 2021沪L004 |
| | 页 | 4 |

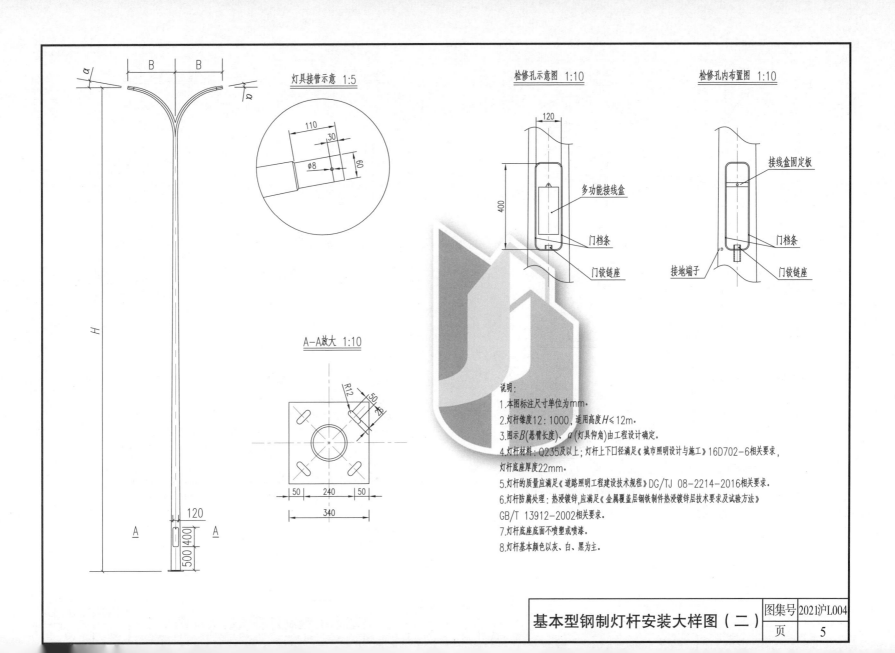

灯具接管示意 1:5

A—A放大 1:10

检修孔示意图 1:10

多功能接线盒

门档条

门铰链座

检修孔内置图 1:10

接线盒固定板

接地端子

门档条

门铰链座

说明：
1. 本图标注尺寸单位为mm。
2. 灯杆锥度12:1000，适用高度H≤12m。
3. 图示B(悬臂长度)、α(灯具仰角)由工程设计确定。
4. 灯杆材料：Q235及以上；灯杆上下口径满足《城市照明设计与施工》16D702-6相关要求，灯杆底座厚度22mm。
5. 灯杆的质量应满足《道路照明工程建设技术规程》DG/TJ 08-2214-2016相关要求。
6. 灯杆防腐处理：热浸镀锌，应满足《金属覆盖层钢铁制件热浸镀锌层技术要求及试验方法》GB/T 13912-2002相关要求。
7. 灯杆底座底面不喷塑或喷漆。
8. 灯杆基本颜色以灰、白、黑为主。

	图集号	2021沪L004
基本型钢制灯杆安装大样图（二）	页	5

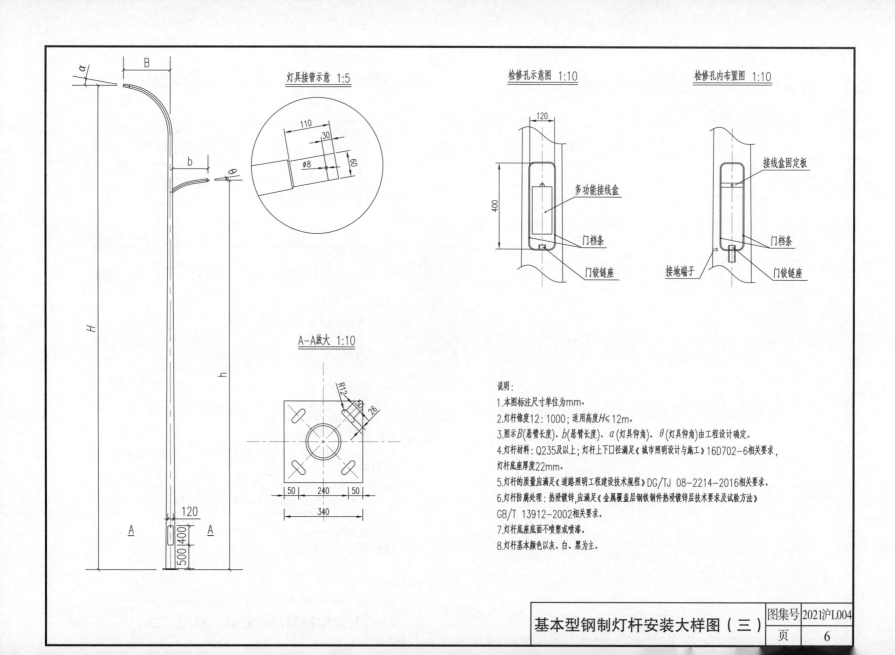

灯具接管示意 1:5

检修孔示意图 1:10

检修孔内布置图 1:10

多功能接线盒

接线盒固定板

门档条

门档条

门铰链座

接地端子

门铰链座

A-A放大 1:10

说明：
1.本图标注尺寸单位为mm。
2.灯杆锥度12:1000；适用高度H≤12m。
3.图示B(悬臂长度)、b(悬臂长度)、a(灯具仰角)、θ(灯具仰角)由工程设计确定。
4.灯杆材料：Q235及以上；灯杆上下口径满足《城市照明设计与施工》16D702-6相关要求，
灯杆底座厚度22mm。
5.灯杆的质量应满足《道路照明工程建设技术规程》DG/TJ 08-2214-2016相关要求。
6.灯杆防腐处理：热浸镀锌,应满足《金属覆盖层钢铁制件热浸镀锌层技术要求及试验方法》
GB/T 13912-2002相关要求。
7.灯杆底座底面不喷塑或喷漆。
8.灯杆基本颜色以灰、白、黑为主。

基本型钢制灯杆安装大样图（三）

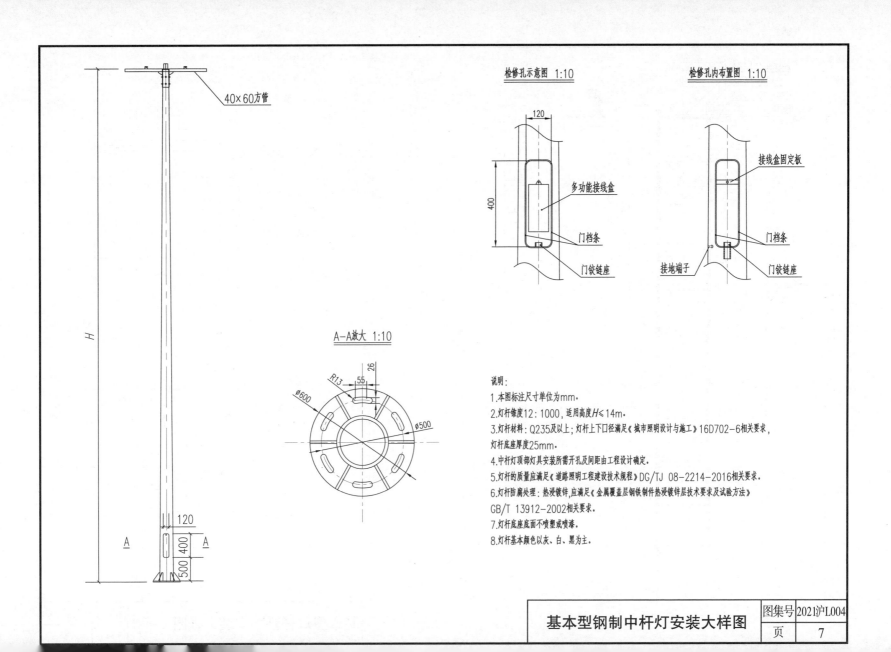

检修孔示意图 1:10

检修孔内布置图 1:10

120

400

多功能接线盒

接线盒固定板

门档条

门档条

接地端子

门铰链座

门铰链座

40×60方管

H

A

A

120

400

500

A—A放大 1:10

26
55
R13
φ600
φ500

说明:
1.本图标注尺寸单位为mm。
2.灯杆锥度12:1000,适用高度H≤14m。
3.灯杆材料:Q235及以上;灯杆上下口径满足《城市照明设计与施工》16D702-6相关要求,灯杆底座厚度25mm。
4.中杆灯顶部灯具安装所需开孔及间距由工程设计确定。
5.灯杆的质量应满足《道路照明工程建设技术规程》DG/TJ 08-2214-2016相关要求。
6.灯杆防腐处理:热浸镀锌,应满足《金属覆盖层钢铁制件热浸镀锌层技术要求及试验方法》GB/T 13912-2002相关要求。
7.灯杆底座底面不喷塑或喷漆。
8.灯杆基本颜色以灰、白、黑为主。

基本型钢制中杆灯安装大样图

图集号 2021沪L004

页 7

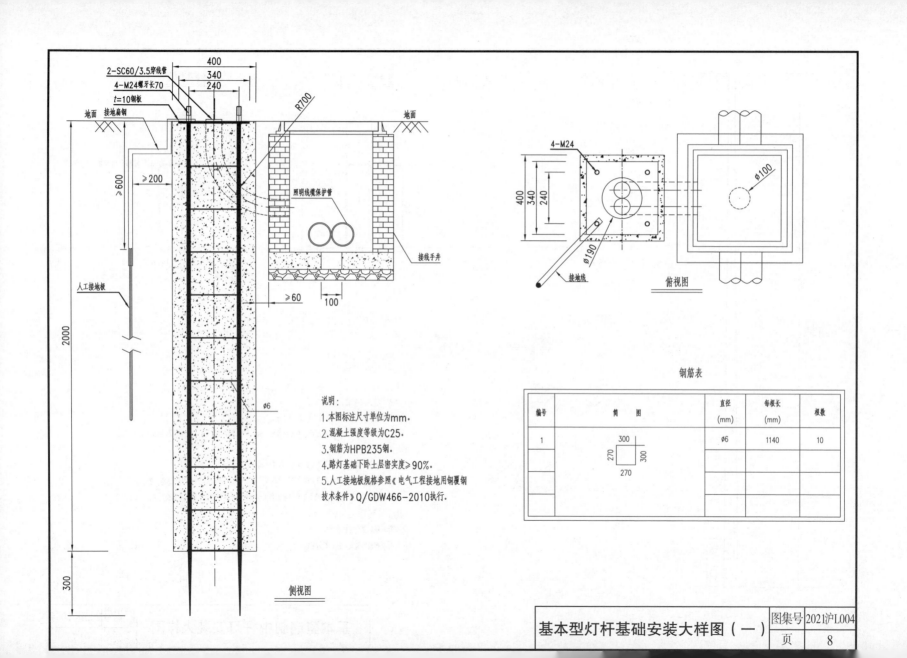

侧视图

俯视图

说明：
1. 本图标注尺寸单位为mm。
2. 混凝土强度等级为C25。
3. 钢筋为HPB235钢。
4. 路灯基础下卧土层密实度≥90%。
5. 人工接地极规格参照《电气工程接地用铜覆钢技术条件》Q/GDW466-2010执行。

钢筋表

编号	简　图	直径 (mm)	每根长 (mm)	根数
1	300 270 300 270	φ6	1140	10

基本型灯杆基础安装大样图（一）

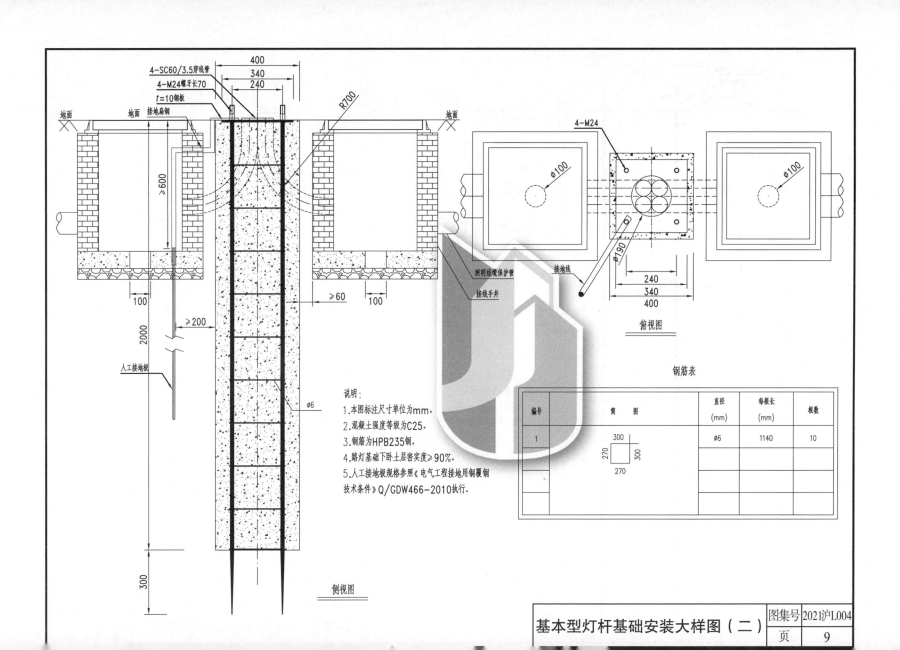

4-SC60/3.5穿线管
4-M24螺牙长70
t=10钢板
接地扁钢
地面
地面

400
340
240
R700

≥600

≥200
≥60

人工接地板

2000

100
100

ø6

300

侧视图

4-M24
ø100

照明线缆保护管
接线手井
接地线

ø190

240
340
400

ø100

俯视图

说明:
1.本图标注尺寸单位为mm。
2.混凝土强度等级为C25。
3.钢筋为HPB235钢。
4.路灯基础下卧土层密实度≥90%。
5.人工接地极规格参照《电气工程接地用铜覆钢技术条件》Q/GDW466-2010执行。

钢筋表

编号	简 图	直径(mm)	每根长(mm)	根数
1	300 270 300 270	ø6	1140	10

基本型灯杆基础安装大样图（二）

图集号 2021沪L004
页 9

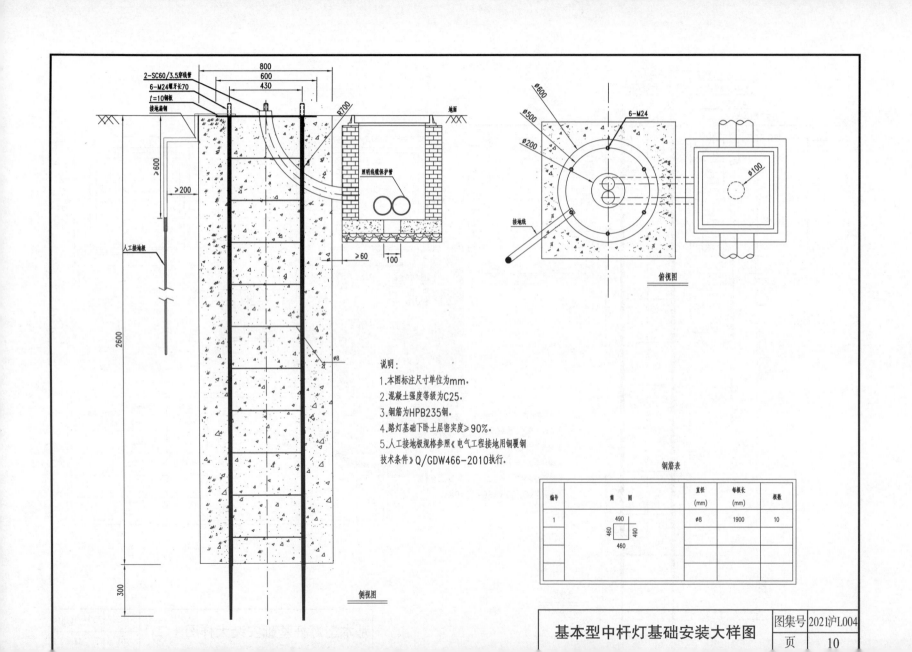

说明：
1. 本图标注尺寸单位为mm。
2. 混凝土强度等级为C25。
3. 钢筋为HPB235钢。
4. 路灯基础下卧土层密实度≥90%。
5. 人工接地极规格参照《电气工程接地用铜覆钢技术条件》Q/GDW466-2010执行。

钢筋表

编号	简 图	直径 (mm)	每根长 (mm)	根数
1	490 460 490 460	ø8	1900	10

侧视图

俯视图

基本型中杆灯基础安装大样图

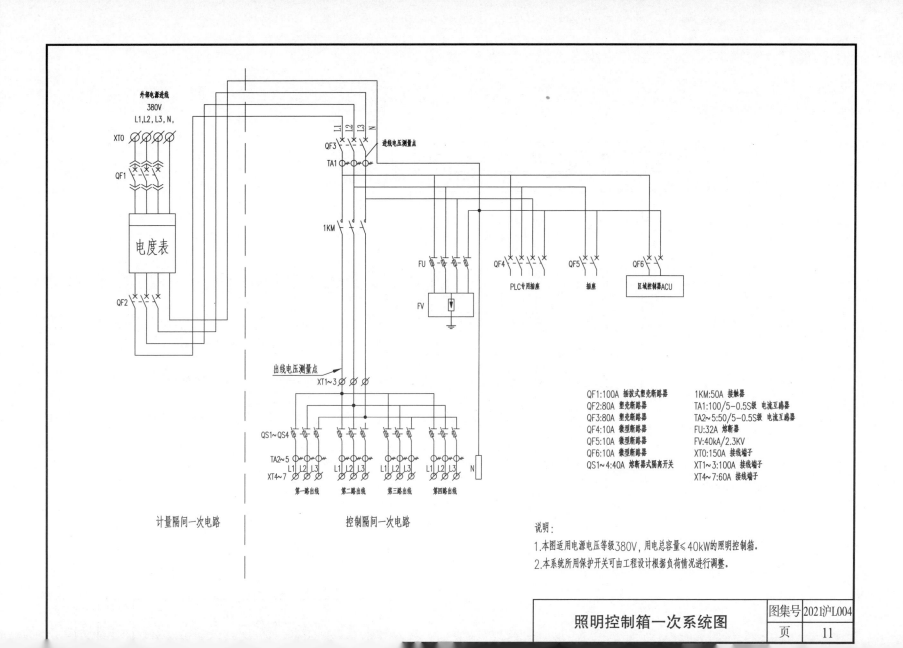

外部电源进线
380V
L1,L2, L3, N,

XT0

QF1

电度表

QF2

进线电压测量点

QF3

TA1

1KM

FU

FV

QF4

QF5

QF6

PLC专用插座

插座

区域控制器ACU

出线电压测量点
XT1～3

QS1～QS4

TA2～5
XT4～7

L1 L2 L3   L1 L2 L3   L1 L2 L3   L1 L2 L3   N

第一路出线   第二路出线   第三路出线   第四路出线

计量隔间一次电路

控制隔间一次电路

QF1:100A 插拔式塑壳断路器
QF2:80A 塑壳断路器
QF3:80A 塑壳断路器
QF4:10A 微型断路器
QF5:10A 微型断路器
QF6:10A 微型断路器
QS1～4:40A 熔断器式隔离开关

1KM:50A 接触器
TA1:100/5-0.5S级 电流互感器
TA2～5:50/5-0.5S级 电流互感器
FU:32A 熔断器
FV:40kA/2.3KV
XT0:150A 接线端子
XT1～3:100A 接线端子
XT4～7:60A 接线端子

说明:
1.本图适用电源电压等级380V, 用电总容量≤40kW的照明控制箱。
2.本系统所用保护开关可由工程设计根据负荷情况进行调整。

	图集号	2021沪L004
照明控制箱一次系统图	页	11

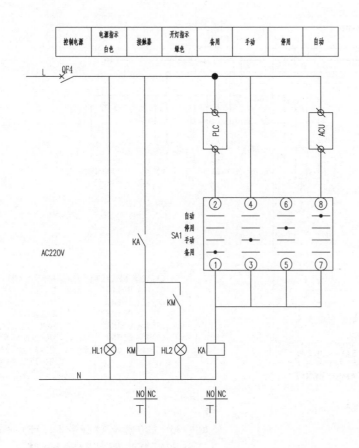
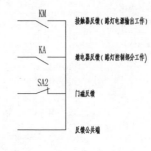

控制电源	电源指示 白色	接触器	开灯指示 绿色	备用	手动	停用	自动

L QF4

PLC　　ACU

② ④ ⑥ ⑧

自动
停用
SA1
手动
备用

① ③ ⑤ ⑦

AC220V

KA

KM

HL1 ⊗　KM　HL2 ⊗　KA

N

NO NC　　NO NC

KM　接触器反馈（路灯电源输出工作）

KA　继电器反馈（路灯控制部分工作）

SA2　门磁反馈

反馈公共端

照明控制箱二次系统图

图集号 2021沪L004
页　12

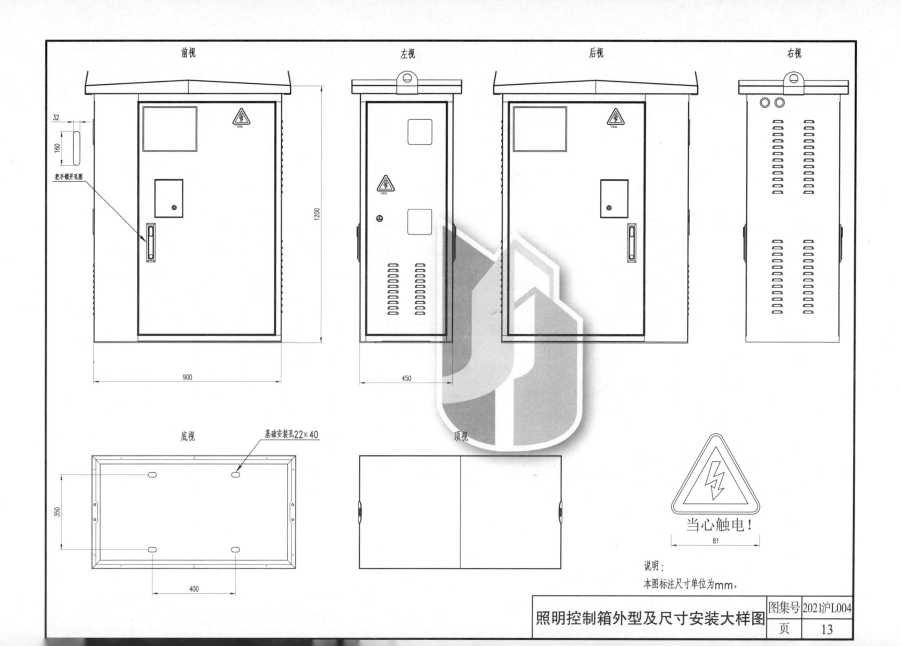

前视　　　　　　　　　左视　　　　　　　　　后视　　　　　　　右视

32
160
把手锁开孔图

1200

900

450

底视　　　　　基础安装孔22×40

350

400

顶视

当心触电！

81

说明：
本图标注尺寸单位为mm。

| 照明控制箱外型及尺寸安装大样图 | 图集号 | 2021沪L004 |
| | 页 | 13 |

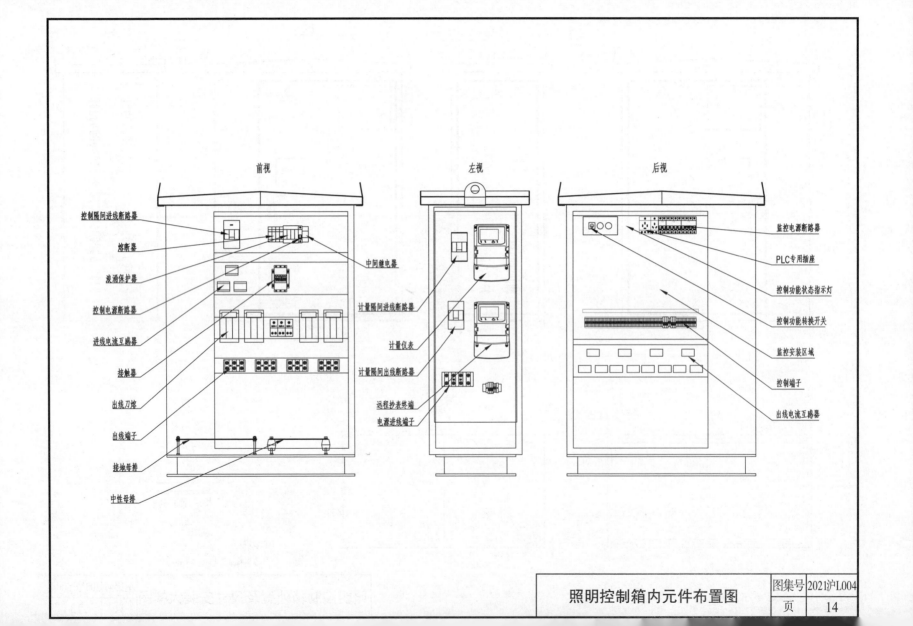

前视   左视   后视

控制隔间进线断路器
熔断器
浪涌保护器
控制电源断路器
进线电流互感器
接触器
出线刀熔
出线端子
接地母排
中性母排

中间继电器
计量隔间进线断路器
计量仪表
计量隔间出线断路器
远程抄表终端
电源进线端子

监控电源断路器
PLC专用插座
控制功能状态指示灯
控制功能转换开关
监控安装区域
控制端子
出线电流互感器

照明控制箱内元件布置图	图集号	2021沪L004
	页	14

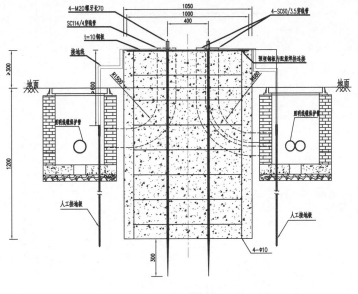

4-M20螺牙长70
SC114/4穿线管
t=10钢板
接地线
4-SC60/3.5穿线管
预埋钢板与配筋焊接连接
地面
地面
照明线缆保护管
照明线缆保护管
人工接地极
人工接地极
4-Φ10

>300
400
1200
300
1050
1000
400
R1500
R1500

1-1 剖面图

说明：
1.本图标注尺寸单位为mm。
2.混凝土强度等级为C25。
3.钢筋为HPB235钢。
4.人工接地极规格参照《电气工程接地用铜覆钢技术条件》Q/GDW466-2010执行。

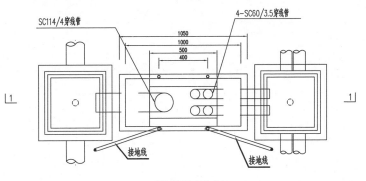

SC114/4穿线管
4-SC60/3.5穿线管
1050
1000
500
400
接地线
接地线

照明控制箱基础平面图

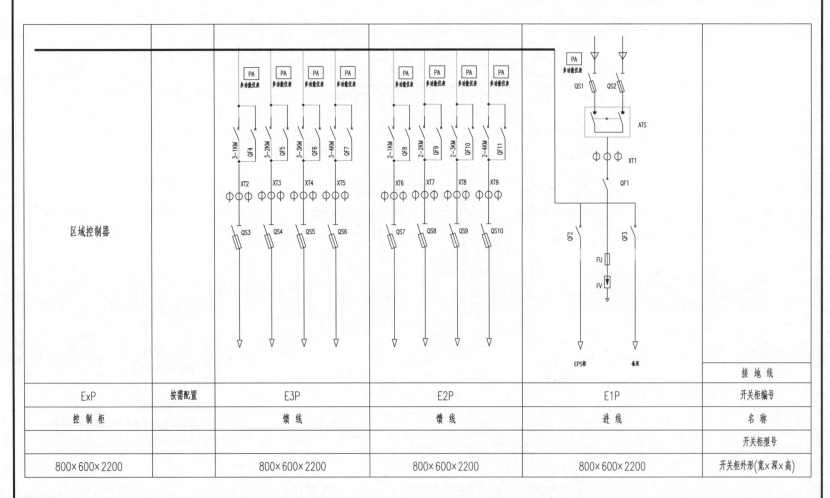

				接 地 线
ExP	按需配置	E3P	E2P	E1P	开关柜编号
控 制 柜		馈 线	馈 线	进 线	名 称
					开关柜型号
800×600×2200		800×600×2200	800×600×2200	800×600×2200	开关柜外形(宽×深×高)

说明:

1.本图标注尺寸单位为mm.

2.本图适用于设有道路照明控制室且电源为2路进线的照明工程.

3.图示QS1～QS10、QF1～QF11、FU、FV以及1KM～8KM由工程设计根据负荷情况确定.

照明控制柜一次系统图（一）

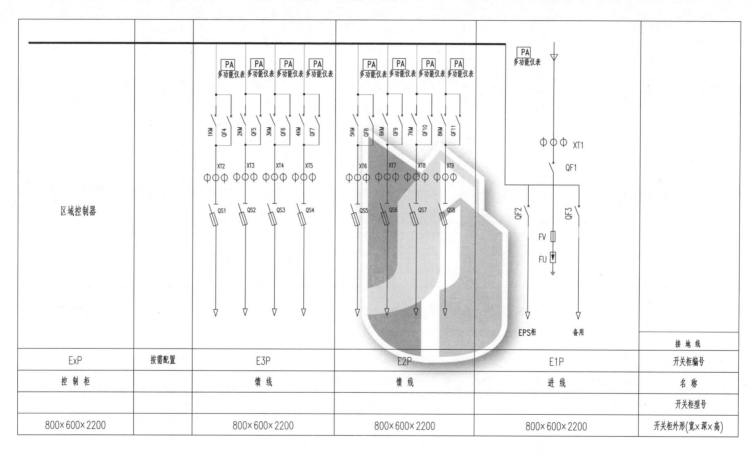

区域控制器							接 地 线
							开关柜编号
ExP	按需配置	E3P		E2P		E1P	
控 制 柜		馈 线		馈 线		进 线	名 称
							开关柜型号
800×600×2200		800×600×2200		800×600×2200		800×600×2200	开关柜外形(宽×深×高)

说明:

1.本图标注尺寸单位为mm。

2.本图适用于设有道路照明控制室且电源为1路进线的照明工程。

3.图示QS1~QS8、QF1~QF11、FU、FV以及1KM~8KM由工程设计根据负荷情况确定。

照明控制柜一次系统图（二）	图集号	2021沪L004
	页	17

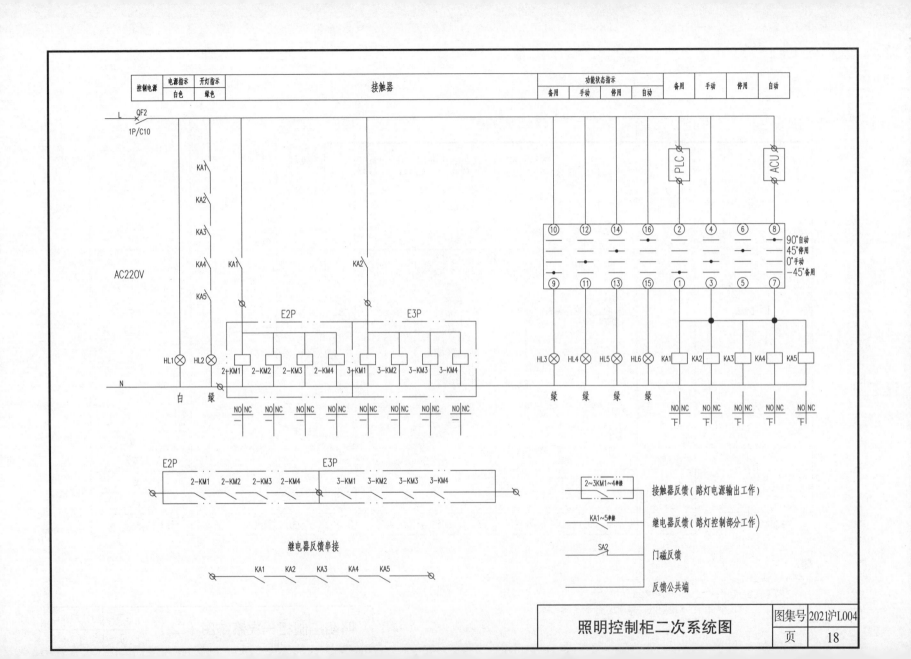

控制电源	电源指示	开灯指示	接触器		功能状态指示				备用	手动	停用	自动
	白色	绿色			备用	手动	停用	自动				

QF2
1P/C10

AC220V

KA1
KA2
KA3
KA4
KA5

KA1   KA2

PLC   ACU

⑩ ⑫ ⑭ ⑯ ② ④ ⑥ ⑧
⑨ ⑪ ⑬ ⑮ ① ③ ⑤ ⑦

90° 自动
45° 停用
0° 手动
-45° 备用

E2P   E3P

HL1 HL2   2-KM1 2-KM2 2-KM3 2-KM4   3-KM1 3-KM2 3-KM3 3-KM4   HL3 HL4 HL5 HL6   KA1 KA2 KA3 KA4 KA5

N

白   绿

NO NC NO NC NO NC NO NC NO NC NO NC NO NC NO NC

绿 绿 绿 绿

NO NC NO NC NO NC NO NC NO NC

E2P   E3P

2-KM1 2-KM2 2-KM3 2-KM4   3-KM1 3-KM2 3-KM3 3-KM4

继电器反馈串接

KA1 KA2 KA3 KA4 KA5

2~3KM1~4串接   接触器反馈（路灯电源输出工作）

KA1~5串接   继电器反馈（路灯控制部分工作）

SA2   门磁反馈

反馈公共端

照明控制柜二次系统图

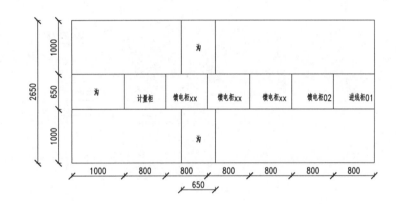

照明设备房平面布置图

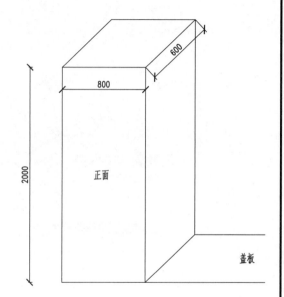

照明设备房控制柜尺寸图

说明：
本图标注尺寸单位为mm。

照明设备房平面布置示意图

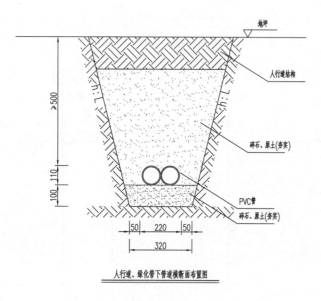

人行道、绿化带下管道横断面布置图

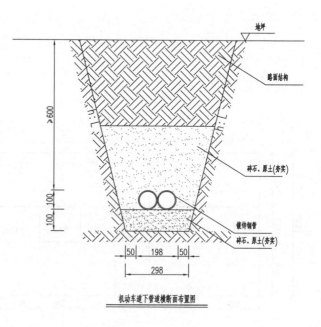

机动车道下管道横断面布置图

沟槽最大边坡坡度比（h：L）

土壤名称	放坡坡度	土壤名称	放坡坡度
砂土	1:1	含砾石舟石土	1:0.67
亚砂土	1:0.67	泥炭岩白垩土	1:0.33
亚黏土	1:0.5	干黄土	1:0.25
黏土	1:0.35		

说明：
1.本图标注尺寸单位为mm。
2.工程实施根据施工现场土质情况选择放坡坡比，管道敷设断面如本图所示。
3.挖好沟槽后，先将基坑底面夯平，再铺以碎石、原土一层夯实，其厚度为100mm。
4.PVC管应满足以下要求：内径/壁厚（mm）:100/5；环刚度（kPa）≥32；维卡软化温度≥80℃；落锤冲击实验（0℃，D25锤头，12kg，2m）:9/10不破裂；扁平试验：压至100%，无破裂、无分层。
5.热镀锌钢管：内径/壁厚（mm）:100/4；镀锌层最小平均厚度≥70μm，局部最小厚度≥55μm；镀锌层最小平均镀覆量≥505g/m²，局部最小镀覆量≥395g/m²；性能检测满足《钢管的验收、包装、标志和质量证明书》GB/T 2102-2006相关要求。

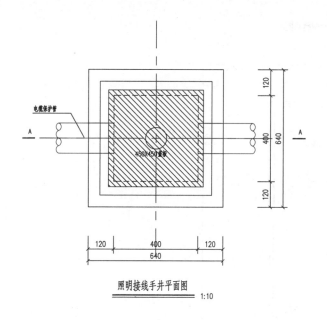

照明接线手井平面图 1:10

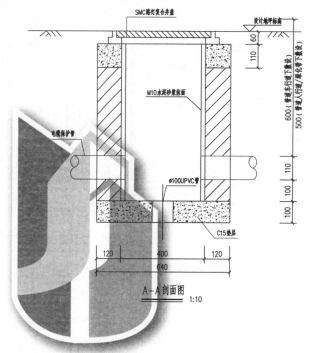

A—A剖面图 1:10

说明：
本图标注尺寸单位为mm。

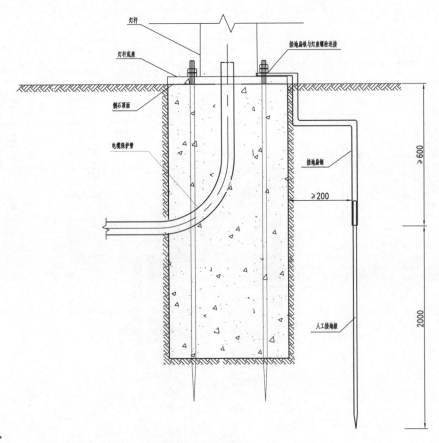

灯杆

接地扁铁与灯底螺栓连接

灯杆底座

侧石顶面

电缆保护管

接地扁钢

≥200

≥600

2000

人工接地极

说明:
1.本图标注尺寸单位为mm。
2.道路照明配电系统中,采用TN或TT系统接零和接地保护,PE线与灯杆、照明控制箱等金属设备连接成网,在任一地点的接地电阻不应大于4Ω。
3.在配电线路的分支、末端及中间适当位置做重复接地并形成联网,其重复接地电阻不应大于10Ω,系统接地电阻不应大于4Ω。
4.采用TT系统接地保护,没有采用PE线连接成网的灯杆、配电箱等,其独立接地电阻不应大于4Ω。

照明灯杆接地通用图

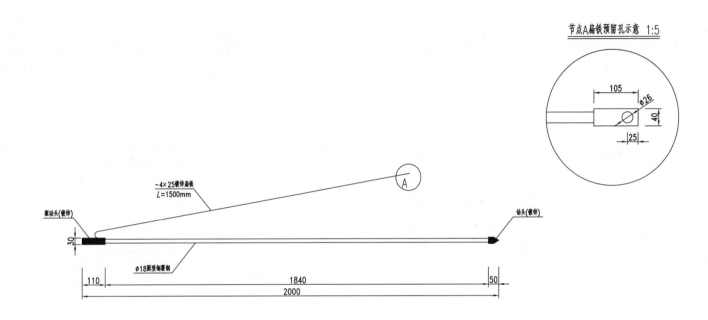

节点A扁铁预留孔示意 1:5

φ26

105

40

25

－4×25镀锌扁铁
L=1500mm

A

驱动头(镀锌)

钻头(镀锌)

30

φ18圆型铜覆钢

110

1840

50

2000

说明:
1.本图标注尺寸单位为mm。
2.铜覆钢接地极技术参数应满足《电气工程接地用铜覆钢技术条件》Q/GDW466-2010相关要求。

图集号	2021沪L004
页	23

人工接地极组成图

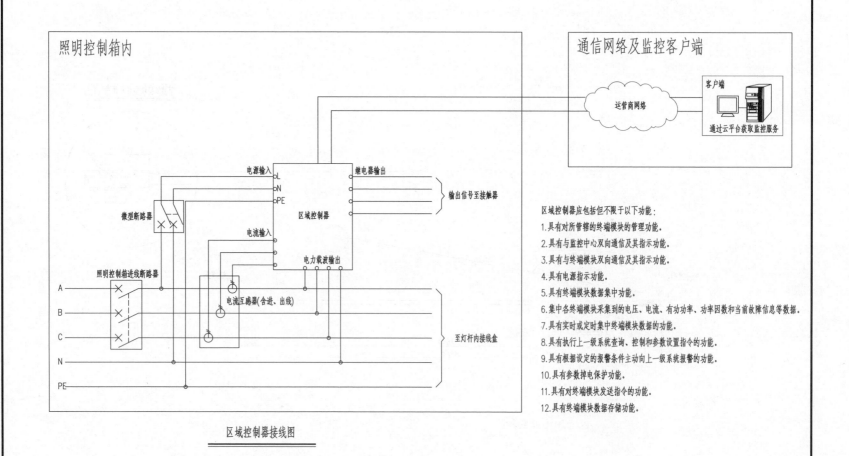

照明控制箱内

通信网络及监控客户端

客户端

运营商网络

通过云平台获取监控服务

电源输入 L
N
PE

继电器输出

微型断路器

区域控制器

输出信号至接触器

电流输入

电力载波输出

照明控制箱进线断路器

电流互感器(含进、出线)

A

B

C

N

PE

至灯杆内接线盒

区域控制器接线图

区域控制器应包括但不限于以下功能：
1.具有对所管辖的终端模块的管理功能。
2.具有与监控中心双向通信及其指示功能。
3.具有与终端模块双向通信及其指示功能。
4.具有电源指示功能。
5.具有终端模块数据集中功能。
6.集中各终端模块采集到的电压、电流、有功功率、功率因数和当前故障信息等数据。
7.具有实时或定时集中终端模块数据的功能。
8.具有执行上一级系统查询、控制和参数设置指令的功能。
9.具有根据设定的报警条件主动向上一级系统报警的功能。
10.具有参数掉电保护功能。
11.具有对终端模块发送指令的功能。
12.具有终端模块数据存储功能。

照明监控设备组成接线图（一）

图集号 2021沪L004

页 24

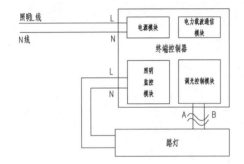

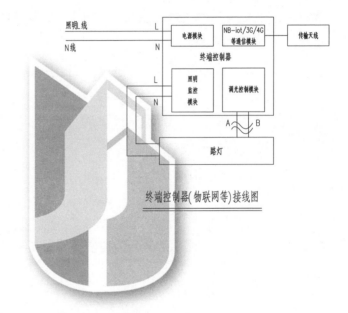

照明L线　　　　L
N线　　　　　N

电源模块　　电力载波通信模块

终端控制器

照明监控模块　　调光控制模块

A　B

路灯

终端控制器(电力载波)接线图

照明L线　　　　L
N线　　　　　N

电源模块　　NB-iot/3G/4G等通信模块　　传输天线

终端控制器

照明监控模块　　调光控制模块

A　B

路灯

终端控制器(物联网等)接线图

终端控制器应包括但不限于以下功能:
1.智能控制:具有开关控制输出接口,实现远程单灯控制、状态检测,延长光源使用寿命。
2.数据采集:内嵌智能通讯模组,包括多种控制芯片,为每一盏路灯命名识别并实时采集电压、电流、功率、功率因数、温度、运行时间等各种数据,帮助分析决策。
3.智能互联:通过电力载波通讯技术,传输数据并将路灯连成网络,经济快捷。
4.多重保护:内置雷击保护等多重安全装置,性能稳定可靠,延长光源使用寿命。
5.结构设计:安装方便,散热效果好,结构牢固。